BEI GRIN MACHT SICH IHR WISSEN BEZAHLT

- Wir veröffentlichen Ihre Hausarbeit,
  Bachelor- und Masterarbeit

- Ihr eigenes eBook und Buch -
  weltweit in allen wichtigen Shops

- Verdienen Sie an jedem Verkauf

Jetzt bei www.GRIN.com hochladen und kostenlos publizieren

Martin Zeitler

Der Entwicklungsstand Ostmitteleuropas im Spiegel ökonomischer und sozialer Indikatoren im Vergleich mit der „alten" EU

GRIN Verlag

Bibliografische Information der Deutschen Nationalbibliothek:

Die Deutsche Bibliothek verzeichnet diese Publikation in der Deutschen National-
bibliografie; detaillierte bibliografische Daten sind im Internet über http://dnb.d-
nb.de/ abrufbar.

Dieses Werk sowie alle darin enthaltenen einzelnen Beiträge und Abbildungen
sind urheberrechtlich geschützt. Jede Verwertung, die nicht ausdrücklich vom
Urheberrechtsschutz zugelassen ist, bedarf der vorherigen Zustimmung des Verla-
ges. Das gilt insbesondere für Vervielfältigungen, Bearbeitungen, Übersetzungen,
Mikroverfilmungen, Auswertungen durch Datenbanken und für die Einspeicherung
und Verarbeitung in elektronische Systeme. Alle Rechte, auch die des auszugsweisen
Nachdrucks, der fotomechanischen Wiedergabe (einschließlich Mikrokopie) sowie
der Auswertung durch Datenbanken oder ähnliche Einrichtungen, vorbehalten.

Impressum:

Copyright © 2007 GRIN Verlag GmbH
Druck und Bindung: Books on Demand GmbH, Norderstedt Germany
ISBN: 978-3-638-93780-1

Dieses Buch bei GRIN:

http://www.grin.com/de/e-book/78620/der-entwicklungsstand-ostmitteleuropas-
im-spiegel-oekonomischer-und-sozialer

GRIN - Your knowledge has value

Der GRIN Verlag publiziert seit 1998 wissenschaftliche Arbeiten von Studenten, Hochschullehrern und anderen Akademikern als eBook und gedrucktes Buch. Die Verlagswebsite www.grin.com ist die ideale Plattform zur Veröffentlichung von Hausarbeiten, Abschlussarbeiten, wissenschaftlichen Aufsätzen, Dissertationen und Fachbüchern.

Besuchen Sie uns im Internet:

http://www.grin.com/

http://www.facebook.com/grincom

http://www.twitter.com/grin_com

Universität Leipzig

Fakultät für Physik und Geowissenschaften

Institut für Geographie

OS Ostmitteleuropa: Transformation und EU-Integration SS

2007

Martin Zeitler

HAUSARBEIT

zum Thema

Der Entwicklungsstand Ostmitteleuropas im Spiegel ökonomischer und sozialer Indikatoren

(im Vergleich mit der „alten" EU)

im Rahmen des

Oberseminars Ostmitteleuropa:

Transformation und EU-Integration

Gliederung:

1. Einleitung

Am ersten Mai 2004 traten 10 neue Mitglieder der Europäischen Union bei, unter ihnen waren mit Polen, der Tschechischen Republik, der Slowakei, Ungarn und Slowenien auch 5 ostmitteleuropäische Länder. Am ersten Januar 2007 folgten mit Rumänien und Bulgarien 2 weitere Länder dieser Gruppe in die EU. Die Fläche vergrößerte sich um ca. 34% und es kamen 103 Millionen neue Einwohner hinzu, die mit ihren im Vergleich niedrigeren Lebensstandard eine große Herausforderung für das Europäische Solidarsystem darstellen (Vgl.http://wko.at/statistik/eu/europa-bevoelkerung.pdf).

Damit war es die größte Erweiterungsrunde der Union und stellte bzw. stellt noch immer die größte Herausforderung dar die die EU jemals zu bewältigen hatte. Denn erstmals treten ihr Staaten bei, welche in den Jahren nach 1989 damit „kämpften" ihr sozialistisches Erbe abzustreifen und ihre Gesellschaften, von in Grundzügen sozialistischen in kapitalistische Gesellschaften, umzuwandeln. Gleichzeitig fand auch in wirtschaftlicher Hinsicht eine Transformation, von einer Planwirtschaft, sozialistischer Prägung, hin zu einer Marktwirtschaft statt.

Man kann davon ausgehen das die Beitritte die wirtschaftlichen Disparitäten, innerhalb der EU noch weiter verstärken werden, daher wird die wirtschaftliche Integration von alten und neuen Mitgliedsstaaten die zentrale Herausforderung der Zukunft sein. Doch nicht nur zwischen neuen und alten EU-Staaten gibt es diese Disparitäten, vielmehr auch innerhalb der einzelnen Beitrittsländer sind sie zu finden. So haben die leistungsfähigsten Regionen der Beitrittsstaaten bereits, zumindest zu der Gruppe der schwächeren EU-15 Regionen, Ostdeutschland, Griechenland oder Süditalien aufgeschlossen (Vgl. Schön,2003, S.27). Während einige Regionen Rumäniens oder Bulgariens nicht einmal 25% des EU Durchschnitts erreichen.

Die vorliegende Arbeit soll Anhand der Analyse wirtschaftlicher und sozialer Indikatoren einen Vergleich zwischen den alten Ländern der EU-15 und den ostmitteleuropäischen Beitrittsländern liefern. Dabei soll zunächst ein Überblick über die Ausgangssituation der damaligen Beitrittskandidaten, nach der Revolution von 1989, gegeben werden und im Folgenden ein kurzer Abriss der Entwicklung, bis zum Beitritt zur EU erfolgen. Abschließend wird sich die Arbeit mit konkreten wirtschaftlichen und sozialen Indikatoren befassen.

Im Endeffekt soll Versucht werden die Frage nach den Vorteilen und eventuellen Nachteilen, die der Beitritt gebracht hat, näher zu beleuchten. Haben sich die Länder nach ihrem Beitritt bzw. im Falle Rumäniens und Bulgariens bis zu ihrem Beitritt positiv entwickelt? Gab es eine Angleichung an die Lebensverhältnis und Standards der Europäischen Union und sind die Länder überhaupt wettbewerbsfähig gegenüber den alten Mitgliedsländern? Oder hat der Beitritt der neuen Länder vielleicht sogar einen Abstieg der alten Länder zur Folge gehabt.

2. Geschichtlicher Abriss

„Noch immer sind die Staaten in Ostmitteleuropa mit den sozialen, kulturellen, politischen und ökonomischen Nachwirkungen ihrer sozialistischen Ära konfrontiert. Insbesondere sozialistische Raumstrukturen wie Siedlungs-, Industrie- und Verkehrstruktur erweisen sich gegenwärtig als hinderlich bei der Transformation von Wirtschaft und Gesellschaft"(Kühne, 2003, S.32). Als ein Hauptgrund ist vor allem der grundlegende Unterschied zwischen den beiden Wirtschaftsordnungen zu sehen. Das Planwirtschaftliche System basiert auf einer zentralen, staatlichen Lenkung der Markkräfte, während im Marktwirtschaftlichen System das Zusammenspiel von Angebot und Nachfrage die Märkte lenkt. Des Weiteren zeichnete sich die Sozialistische Wirtschaft durch eine verstärkte Förderung des Wachstums von Schwer- und Grundstoffindustrie als „Avantgarde des Sozialismus" bei gleichzeitiger Vernachlässigung von Nahrungs- und Leichindustrie sowie des Agrar- und Dienstleistungssektors, eine stärkere Spezialisierung der Schwerindustrie und einer meist ideologischen/politischen Gesichtspunkten folgenden Industriestandortwahl aus (Vgl.Kühne,2003,S.34) Am Schwerwiegendsten lastete jedoch das Wegbrechen des Absatzmarktes im Rat für Gegenseitige Wirtschaftshilfe und die damit quasi erzwungene Umorientierung auf die Absatzmärkte im Westen. Als Folgen der Öffnung für den Weltmarkt sahen sich die Staaten einer verstärkten Konkurrenz und dem daraus resultierenden Wegfall unrentabler Industrien auf dem Heimatmarkt ausgesetzt, was vor allem die wenig flexiblen und innovativen Staatsunternehmen traf und zu verstärkter Arbeitslosigkeit und sinkendem Lebensstandards führte (Vgl. Kühne, 2003,

S.34). Veranschaulicht werden kann dies am Beispiel des Rückgangs des Bruttoinlandsproduktes.

Jahr	Tschechien	Slowakei	Polen	Ungarn
1990	- 1,2	-2,5	-11,6	-3,5
1994	3,2	4,9	5,2	2,9
1995	6,4	6,9	7,0	1,5
1996	3,9	6,6	6,1	1,3

Tab1: Entwicklung des BIP in %   Quelle: OME im Umbruch
S.14

Tabelle 1 zeigt dazu ausgewählte ostmitteleuropäische Länder. Deutlich sichtbar wird dabei, das 1990 alle Länder aufgrund des Wegbrechens der östlichen Absatzmärkte in eine Rezessionsphase gerieten, diese konnte jedoch aus wirtschaftlicher Sicht relativ schnell überwunden werden, was vor allem auf die Absatzsteigerungen im EU-Markt zurückzuführen sein dürfte. Aus sozialer Sicht verdeutlichen die Daten der Arbeitslosenquote die, einleitend erwähnten Schockwirkungen der Transformation. Arbeitslosigkeit wurde innerhalb kürzester Zeit zum Massenphänomen, was sich hauptsächlich auf den Rückgang der Industrieproduktion zurückführen lässt. Tabelle 2 zeigt eine enorme Steigerung der Zahlen im ersten Jahr der Transformation, so stiegen die Zahlen Beispielsweise in der Slowakei um das siebenfache.

Jahr	Tschechien	Slowakei	Polen	Ungarn	BRD
1990	0,8	1,6	6,3	1,9	----
1991	4,1	11,8	11,5	8,5	7,3
1992	2,6	10,4	13,6	12,3	8,5
1993	3,5	14,4	15,7	12,1	9,8

Tab2: Arbeitslosenquote in %   Quelle: OME im Umbruch
S.14

Festzustellen ist, dass auch die Arbeitslosenquote in Deutschland, wenn auch in geringerem Maße stetig steigend ist.

3. Der Weg in die EU

Direkt im Anschluss an die Revolution von 1989 suchte die Europäische Union den Kontakt zu den ostmitteleuropäischen Ländern. Dies geschah zunächst durch Handels- und Kooperationsabkommen, die dann später in Assoziierungsabkommen auf den Gebieten Handel, Verkehr, Umwelt, Industrie und Zoll umgewandelt wurden. Ziel war zunächst der politische Dialog und die Schaffung einer Freihandelszone. Die Bemühungen der Union trugen schnell Früchte und bereits 1994 exportierten die ostmitteleuropäischen Länder mehr als die Hälfte der von ihnen produzierten Waren in die Länder der EU, was anhand von Tabelle 3 verdeutlicht werden soll.

Jahr	Tschechien	Slowakei	Polen	Ungarn
1990	20,6	20,2	830,1	32,2
1994	16,7	51,3	52,4	50,8
1995	12,8	27,3	43,1	41,4
1996	-1,1	17,1	12,2	23,4

Tab3: Exportwachstum in die EU in %　　　　　　　　　　　　　　Quelle: OME im Umbruch
S.15

Des Weiteren gaben alle diese Staaten ein Beitrittsgesuch für die Mitgliedschaft in der Union ab. Polen und Ungarn 1994 die Slowakei, Rumänien und Bulgarien 1995, sowie Slowenien und Tschechien 1996 und verpflichteten sich somit die Kopenhagener Kriterien, die die Grundvoraussetzung für einen EU Beitritt darstellen, zu erfüllen. Zu den Kopenhagener Kriterien, von 1993, zählen die Schaffung von Demokratie und Rechtsstaatlichkeit, die Einhaltung der Menschenrechte, der Minderheitenschutz, und die Errichtung stabiler

Institutionen als politische Kriterien. Des Weiteren wird eine stabile Marktwirtschaft und die Fähigkeit, dem Wettbewerbsdruck innerhalb der EU standzuhalten als wirtschaftliches Kriterium gefordert. Sowie die Übernahme von Pflichten der Mitgliedschaft und die Bereiterklärung zur Teilnahme an Wirtschafts- und Währungsunion, als integrationspolitisches Kriterium (Vgl.Tebbe,1998, S.21). Da das Erreichen dieser Ziele eine sehr große Hürde für die Beitrittsländer darstellt, verfügt die EU über eine Vielzahl an Hilfsinstrumenten wie Beitrittspartnerschaften, Vor-Beitrittshilfen und bilateralen Partnerschaften (Deutschland half z.B. Lettland bei der Reform des Gerichtswesens).Das wichtigste Instrument stellt jedoch das screening des Acquis Communautaire dar, indem die Fortschritte der Beitrittskandidaten bei der

Übernahme des europäischen Rechtsbestandes bewertet werden und gegebenenfalls Mängel angemahnt, aber auch Hilfen bereitgestellt werden. Die Ergebnisse werden in den jährlich oder auch halbjährlich erscheinenden Fortschrittsberichten der europäischen Kommission veröffentlicht. Erst nachdem der Acquis Communautaire vollständig übernommen und umgesetzt wurde wird dem Land der Beitritt gewährt. Dieses Prozedere verzögerte Beispielsweise den Beitritt Rumäniens und Bulgariens um mehr als 2 Jahre (Vgl. Haubrich, 2003, S.2-5).

4. Der Entwicklungstand im Spiegel wirtschaftlicher Indikatoren

Unter wirtschaftlichen Indikatoren versteht man Kennzahlen welche einen Überblick über die konjunkturelle Entwicklung und die wirtschaftliche Entwicklung eines Landes geben. Sie dienen damit der Visualisierung gesamtwirtschaftlicher Entwicklungen. Im Rahmen dieser Hausarbeit sollen vor allem das Bruttoinlandsprodukt (Der Wert aller Waren/Dienstleistungen die innerhalb eines Jahres von Inländern und Ausländern hergestellt wurden), die Arbeitslosenquote, das Wirtschaftswachstum und die Außenhandelssalden (vor allem mit den Ländern der EU-15) näher betrachtet werden. Des Weiteren ist der Anteil von Beschäftigten im primären, sekundären und tertiären Sektor bzw. die Entwicklung dieses Anteils von besonderer Bedeutung da die Wirtschaftsstruktur der neuen EU-Mitglieder teilweise sehr stark von der Landwirtschaft geprägt ist.

4.1 die Wirtschaftstruktur

Als Erbe des sozialistischen Planwirtschaftssystems ist der Anteil des primären Sektors in Bezug auf das Bruttoinlandsprodukt und dem Beschäftigungsanteil sehr hoch, im Vergleich zu den EU-15 Staaten. Da der Anteil am BIP jedoch deutlich geringer ist als an der Beschäftigung lässt dies auf erhebliche Ineffizienzen und einen hohen Subsistenzanteil, der Anteil der nur zur Selbstversorgung genutzt wird, in der Landwirtschaft schließen. Dieses Phänomen wurde in der Vergangenheit durch die Transformationskrise im sekundären Sektor verschärft, die viele arbeitslos gewordenen aufs Land zurückkehren ließ. Damit entstand eine versteckte Arbeitslosigkeit.

Der sekundäre Wirtschaftssektor weißt im Vergleich zu den westeuropäischen Wirtschaften einen höheren Anteil am BIP auf wobei sich BIP- und Beschäftigtenanteil in etwa gleichen. Der tertiäre Sektor ist im Allgemeinen eher unterrepräsentiert. Die Aufgaben für die Zukunft werden daher sein den Stellenwert des Dienstleistungssektors am BIP signifikant zu erhöhen und Effizienzsteigerungen in der Landwirtschaft durchzusetzen. Tabelle 4 zeigt die Anteile am BIP und an den Beschäftigten nach Wirtschaftssektoren.

Tab4: BIP und Beschäftigung nach Wirtschaftssektoren   Quelle: (Kühne

	Anteil am BIP (2000)			Anteil an der Beschäftigung (2000)		
	Primär	Sekundär	Tertiär	Primär	Sekundär	Tertiär
Eu-15	3	29	68	5	27	68
Polen	4	36	60	19	32	49
Slowakei	4	31	65	7	39	54
Slowenien	4	38	58	11	38	51
Ungarn	6	33	61	7	34	59
Tschechien	4	41	55	5	41	54
Rumänien	16	36	48	38	32	30
Bulgarien	18	27	55	24	32	44

S.34)

Die sektorale Wirtschaftstruktur in Marktwirtschaften ist das Ergebnis der Struktur von Angebot und Nachfrage, aus dem In- und Ausland. Die Spezialisierungen der einzelnen Volkswirtschaften im Bereich von Handelsfähigen Gütern und Dienstleistungen führen dazu, dass diese komparative Vorteile Gegenüber anderen Staaten erhalten. In Ostmitteleuropa liegen diese komparativen Vorteile bei Produkten des mittleren Technologiebedarfs die zum einen arbeitsintensiv und/oder rohstoffintensiv sind. Während in den Länder der EU-15 Wissen, Hochtechnologie und hochqualifizierte Arbeit konzentriert sind.(Vgl. Kühne, 2003, S.33-35) Zarek (2006 S.120) stellt fest „das die ostmitteleuropäischen Länder nach wie vor komparative Nachteile im Handel mit humankapital- und forschungsintensiven Gütern, und Vorteile bei arbeitsintensiven und preissensiblen Produkten mit geringer Qualität haben, doch diese Vorteile rückläufig sind"

Dennoch bleibt festzustellen, dass die Ausgaben für Forschung und Entwicklung in den ostmitteleuropäischen Ländern deutlich erhöht werden müssen, um langfristig nicht den Anschluss an die EU-15, bei technologieintensiven Branchen, zu verlieren. In einigen Ländern wie beispielsweise Polen und Ungarn ist jedoch sogar ein Rückgang zu verzeichnen, wie Tabelle 5 zeigt.

Land	2001	2002	2003	2004
EU-15	1,98	1,98	1,97	1,95
Slowakei	0,64	0,58	0,56	0,58
Slowenien	1,56	1,53	1,54	1,61
Tschechien	1,22	1,22	1,26	1,28
Ungarn	0,95	1,02	0,95	0,85
Rumänien	0,39	0,38	0,40	0,40
Bulgarien	0,47	0,49	0,50	0,51
Polen	0,64	0,58	0,56	0,58

Tab5:FuE-Ausgaben in % des BIP   Quelle: Zarek
S.122

Festzustellen ist, das gerade Slowenien und Tschechien auf einem sehr guten Weg sind, während Rumänien und Bulgarien noch enorm viel Nachholbedarf haben. Zumal die EU seit einigen Jahren das Ziel propagiert den FuE-Anteil auf 3% zu erhöhen um dauerhaft mit den anderen Weltregionen konkurrieren zu können (http://ec.europa.eu).

4.2 das Bruttoinlandsprodukt

Das Bruttoinlandsprodukt pro Einwohner ist ein wichtiger Indikator für Regionale Wirtschaftskraft und damit verbunden für den wirtschaftlichen Wohlstand einer Region. Regionen mit einem BIP von weniger als 75% des jeweiligen EU Durchschnittes werden im Rahmen der EU-Regionalpolitik, als so genannte Ziel 1 Regionen, in besonderem Maße gefördert. Im Zeitraum zwischen dem Jahr 2000 und 2006 fielen alle ostmitteleuropäischen Länder in diese Kategorie und erhielten somit Gelder aus dem Europäischen Fonds für Regionale Entwicklung kurz EFRE. Aber auch große Teile Spaniens, Portugals und Griechenlands sowie Süditalien erhielten Gelder aus diesem Strukturfonds.

Seit dem Jahr 2003 ist eine Beschleunigung des BIP Wachstums in allen ostmitteleuropäischen Ländern zu beobachten, für das Jahr 2006 verzeichnete man ein

Wachstum von 5,1%. Vor allem Polen als größte Volkswirtschaft unter den ostmitteleuropäischen Ländern gewann an Wachstumsdynamik (Vgl. Schön, 2003, S.27).

Tabelle 6 zeigt die Entwicklung des Bruttoinlandsproduktes pro Kopf nach Kauf- Kraft-Standards im Vergleich zu den Ländern der EU-15, damit werden die Kaufkraftunterschiede zwischen den Staaten berücksichtigt.

Land	2003	2004	2005	2006
EU-15	109,1	108,6	108,2	---
Slowakei	51,1	51,9	54,2	57,1
Slowenien	76,0	79,1	80,9	82,0
Tschechien	67,9	70,3	73,5	---
Ungarn	59,3	60,1	61,9	---
Rumänien	30,0	32,2	32,9	---
Bulgarien	29,8	30,4	31,8	---
Polen	47,0	48,8	49,8	51,0

Tab6:BIP in KKS   Quelle: Zarek
S.120

Festzustellen ist das sich eine stetige Verringerung des Abstandes zu den Ländern der EU-15 abzeichnet, aber es auch innerhalb der Gruppe der ostmitteleuropäischen Ländern einen sehr großen Unterschied gibt. Als Musterland könnte man Slowenien bezeichnen, welches dafür auch 2007 mit dem Beitritt zur Euro -Zone „belohnt" wurde, gefolgt von einer Mittelgruppe, die von Tschechien angeführt wird und deren weitere Mitglieder Polen, die Slowakei und Ungarn sind. Die Schlusslichter bilden die beiden neuen Beitrittsländer Rumänien und Bulgarien, welche allerdings seit einigen Jahren ein prozentual höheres Wachstum des gesamtstaatlichen BIP aufweisen und sich somit auch in einem Aufholprozess zu den anderen Staaten befinden.

Einen wichtigen Beitrag zur Steigerung des BIP und der Modernisierung der ostmitteleuropäischen Wirtschaften tragen die Direktinvestitionen ausländischer Unternehmen bei. Unter Direktinvestitionen versteht man Kapitalanlagen im Ausland durch einen Investor. Das können Unternehmensgründungen oder der Erwerb von Unternehmen sein, sowie der Erwerb oder die Errichtung von Zweigniederlassungen oder gegebenenfalls der Erwerb oder die Beteiligung an Unternehmen oder Niederlassungen mit Hilfe von Anlagemitteln oder Zuschüssen (Vgl. Schön, 2003,

S.30). Der damit verbundene Technologietransfer trägt zum Abbau komparativer Nachteile bei, verbessert das Ausbildungsniveau und ermöglicht den Zugang zu Internationalen Zuliefer- und Verteilernetzen. (Vgl. Kühne, 2003, S.36) Hauptempfänger für Direktinvestitionen aus Deutschland sind Polen, Tschechien und Ungarn.

Hauptsächlich lässt sich feststellen dass, ein Großteil der Auslandsdirektinvestitionen in die Automobilindustrie geflossen sind, wie z.b. das VW-Werk in Bratislava oder Audi in Györ (Ungarn) und Sibiu (Rumänien) zeigt. Ingesamt hat sich nach dem Beitritt zur EU in allen Mitgliedsstaaten eine Abschwächung der Direktinvestitionen gezeigt, da die Übernahme des EU- Rechtsbestandes dies sehr verkompliziert hat und die Unternehmen aus diesem Grund mit ihren Investitionen auf Nicht- EU-Länder ausweichen. Dennoch hat sich der Nettokapitalzufluss in die Länder erhöht, was sich auf die Zunahme von Investitionen in die Finanzmärkte zurückführen lässt, damit verbunden fand auch eine Aufwertung der Währungen Gegenüber dem Euro statt (Vgl.Gabrisch/Kämpfe, 2005, S.94). Die positiven Folgen des ansteigenden BIP schlugen sich vor allem in einer sinkenden Arbeitslosigkeit in allen Ländern nieder, so hatte Slowenien 2006 eine Arbeitslosenquote von nur 6% und damit eine der niedrigsten Quoten in der Gesamten EU (Vgl. http://ec.europa.eu/growthandjobs/ annual-report-1206_de.htm). Als negative Folge kann der Anstieg der Verbraucherpreise angesehen werden.

4.2 Außenhandel

Wie bereits einleitend erwähnt, wurde in den frühen 90er Jahren mit dem Abschluss bilateraler Handelsabkommen zwischen EU-15 und den Ostmitteleuropäischen Ländern begonnen, zwischen denen es bist dahin nahezu keine Handels- und Kapitalverflechtungen sowie Arbeitsmigration gab. Das Ziel war die Errichtung von Freihandelszonen und der freie Handel mit Industriegütern innerhalb von 10 Jahren. Dadurch dass, die EU ihre Handelsschranken schneller abbaute als die Ostmitteleuropäischen Länder kam es zu einer beschleunigten Integration dieser in den europäischen Binnenmarkt. Handelsrestriktionen gab es jedoch, wie zurzeit auch gegen China, bei sensitive EU-Industrien wie Schuhen und Textilen. Diese wurden jedoch für Polen, die Slowakei, Slowenien, Tschechien und Ungarn 2001 und für Bulgarien und Rumänien zwischen 2003 und 2005 abgeschafft.

Am Vorabend der ersten Beitrittswelle 2004 fielen 95% des Handelsumsatzes zwischen EU und den Beitrittsländer auf den Zoll- und quotenfreien Warenverkehr (Vgl. Zarek, 2006, S.112/113).

In den vergangenen Jahren nahmen die Exporte der neuen EU-Mitgliedsstaaten kräftig zu. Dafür verantwortlicht zeichnet die Belebung der Weltkonjunktur, was vor allem die Exporte nach Asien und in der eigenen Region erhöhte. Aufgrund der schwächeren Konjunktur in Westeuropa fiel der Anstieg hier weniger stark aus. Der wichtigste Handelspartner bleiben aber dennoch die Länder der Europäischen Union wie anhand von Tabelle 7 deutlich wird.

Der Außenhandel der Ostmitteleuropäischen Ländern und der EU kann mit Hilfe der Export-Basis-Theorie und der Theorie der komparativen Kostenvorteile Erklärt werden.

Die Theorie der komparativen Kostenvorteile stellt die theoretische Grundlage der Export-Basistheorie dar und besagt das eine Region A bei der Herstellung eines Gutes X einer anderen Region B überlegen ist, während diese Region der Region A bei der Produktion eines anderen Gutes Y überlegen ist, dies führt dazu das sich beide Regionen auf eines der Produkte Spezialisieren und mit ihnen Handeln. Ist eine Region in der Lage beide Produkte günstiger herzustellen, wird in der anderen Region nicht etwa die Produktion eingestellt sondern man spezialisiert sich in der Region, die theoretisch beides herstellen kann, auf das Produkt das den höchsten Gewinn erzielt (Vgl. Kühne, 2003, S.36)

	Exporte in die EU-15		Importe aus der EU-15	
	1993	2003	1993	2003
Polen	83	69	47	61
Slowakei	26	60	21	51
Slowenien	59	58	52	67
Tschechien	54	70	44	59
Ungarn	65	74	37	55
Rumänien	56	68	30	58
Bulgarien	42	56	24	49

Tab7: Importe/Exporte aus und nach der EU-15 in %   Quelle: Zarek S.114

Die Exportbasis-Theorie soll nun anhand eines Beispiels innerhalb der EU erläutert werden. Rumänien produziert beispielsweise landwirtschaftliche Produkte über den Subsistenzbedarf hinaus und exportiert diese nach Deutschland wo es zu einem Überangebot und damit zu einem Preisverfall kommt, der die Einkünfte der deutschen Landwirte sinken lässt. Rumänien hat aber mit den Exporteinnahmen mehr Geld zur Verfügung und die Nachfrage nach Technologieprodukten steigt, kann aber nicht aus eigener Kraft befriedigt werden und daher müssen Technologieprodukte aus Deutschland Importiert werden. Das wiederum führt in Deutschland zu einer Produktionssteigerung die die Verluste der Landwirte ausgleicht. Letztendlich führt der wachsende Außenhandel zu einer Erhöhung der Einkommen beider Länder (Vgl. Kühne, 2003, S.36)

Einige Ostmitteleuropäischen Länder verzeichnen ein Handelsbilanzdefizit nicht nur mit der EU-15 sondern generell. Das bedeutet das die Länder mehr Waren importieren als sie exportieren. Für das Jahr 2004 waren das Rumänien (-9,5Mrd. €), Bulgarien (-4,1Mrd.€), Polen (-6,4 Mrd. €) und Slowenien (-2,3 Mrd. €) während die Slowakei (1,1 Mrd. €), Tschechien (1,1 Mrd. €) und Ungarn (1,3 Mrd. €) eine Überschuss erzielen konnten. Im Vergleich dazu erzielt Exportweltmeister Deutschland einen Handelsüberschuss von 156,1 Mrd. € im Jahre 2004.

Von größerer Bedeutung ist jedoch die Leistungsbilanz eines Staates. Sie umfasst nicht nur das Verhältnis zwischen Im- und Exporten von Waren sondern auch von Dienstleistungen

und die an ausländische Niederlassungen geleisteten und von dort empfangenen Gehaltszahlungen sowie Ausgaben für Entwicklungshilfe. Die Daten für das Jahr 2004 weisen hier in allen ostmitteleuropäischen Ländern ein Defizit auf in Polen betrug es 1,5% des BIP, in der Slowakei 3,5%, In Slowenien 0,7%, in Tschechien 5,2% und in Ungarn sogar 8,8% des BIP. Allerdings dürfte das Leistungsbilanzdefizit hauptsächlich auf die bereits genannten Auslandsdirektinvestitionen zurückzuführen sein (Vgl. Gabrisch/Kämpfe, 2005,S.100-103).

4.3 Arbeitslosigkeit

Wie bereits einleitend erwähnt, entwickelte sich die Arbeitslosigkeit in den ersten Jahren der Transformation zu einem Massenphänomen. Dies ist in erster Linie darauf zurückzuführen das die Industrieproduktion dramatisch sank. Dies geschah bei weitem schneller als die Beschäftigtenzahlen zurückgingen, was zu einer versteckten

Arbeitslosigkeit führte. Ebenso wie der Rückzug arbeitslos gewordener Industriearbeiter auf das Land, die dort als Landwirte nicht mehr in der Statistik geführt wurden. Durch den langsamen Aufbau von sozialen Sicherungssystemen wie etwa der Arbeitslosenhilfe wurde die versteckte Arbeitslosigkeit in offene Arbeitslosigkeit umgewandelt und dies ließ die Arbeitslosenquoten bis 1993/94 steigen. Der Wirtschaftsaufschwung in den darrauffolgenden Jahren führte dann zu einer steigenden Nachfrage nach Arbeitskräften und ließ die Arbeitslosenquoten wieder sinken (Vgl. Fassman, 1999, S.14).

Bei Näherer Betrachtung der aktuellen Arbeitslosenzahlen in den Ostmitteleuropäischen Ländern zeigt sich ein sehr uneinheitliches Bild. So liegt die Arbeitslosenquote Sloweniens ca.1% unterhalb des Durchschnittswertes der EU-15 während Polen und die Slowakei diesen Wert um 5 bzw. 6% deutlich übertreffen.

Land	2004	2005	2006	2007(Prognose)
EU-15	8,1	7,9	7,5	7,3
Slowakei	18,2	16,3	14,3	13,3
Slowenien	6,3	6,5	6,1	6,1
Tschechien	8,3	7,9	7,4	7,1
Ungarn	6,1	7,2	7,3	7,7
Rumänien	7,6	7,7	7,6	7,5
Bulgarien	12,0	10,1	8,9	7,7
Polen	19,0	17,7	13,9	12,2

Tab.8 Arbeitslosenquote in %   Quelle: wko.at/statistik/eu/europa-arbeitslosenquoten.pdf

Weiterhin hat sich die Arbeitslosenzahl in allen Mitgliedsländer seit 2004, also seit ihrem Beitritt, sehr positiv entwickelt. Einzige Ausnahme bildet Ungarn das eine leicht steigende Tendenz der Quote aufweißt. Für Rumänien und Bulgarien ist feststellbar das die Zahlen sich ebenfalls, wenn auch langsamer, positiv entwickeln und auf einen auffallend niedrigen Niveau liegen was auf die oben Angesprochene verdeckte Arbeitslosigkeit zurückzuführen sein dürfte. Tabelle 8 soll dies verdeutlichen.

Auch in den EU-15 Staaten ist die Arbeitslosigkeit Rückläufig was seine Ursachen in Belebung der Weltkonjunktur hat. Ebenfalls ist die Senkung der Arbeitslosigkeit eines der Hauptziele der EU- Kommission neben der Verbesserung der Wettbewerbsfähigkeit der Union.

5. Der Entwicklungstand im Spiegel sozialer Indikatoren

Soziale Indikatoren messen die Lebensqualität und damit den Gesamtzustand einer Gesellschaft und spiegeln somit die Zufriedenheit der Bevölkerung wieder. Von Bedeutung sind vor allem Lebenserwartung, Geburtenziffern und Analphabetenquote. Damit ist es das Ziel der Sozialindikatorenforschung das Pro-Kopf-Einkommen als Ausdruck des materiellen Wohlstandes zu ergänzen (Vgl.http://www.bpb.de).

Als eine Maßzahl die sowohl soziale als auch wirtschaftliche Indikatoren berücksichtigt wurde 1990 der Human Development Index eingeführt. Unter Einbeziehung von Lebenserwartung, Analphabetenrate, Einschulungsrate und BIP nach Kauf-Kraft-Standards wird durch eine bestimmte Gewichtung dieser Indikatoren ein einziger Index geschaffen dessen Wert Auskunft über den Entwicklungsstand des jeweiligen Landes geben soll. In der Gruppe der Hochentwickelten Länder finden sich 2006 sämtlich Staaten der EU-15 (Deutschland Platz 21) sowie die Ostmitteleuropäischen Länder etwas dahinter, Slowenien (27), Tschechien (30), Ungarn (35), Polen (37), die Slowakei (42), Bulgarien (54) und Rumänien (60) (http://en.wikipedia.org). Demzufolge lassen sich aus dem HDI keine hinreichenden Informationen über etwaige Unterschiede zwischen EU-15 und den Ostmitteleuropäischen Ländern hinsichtlich Sozialer Indikatoren ziehen. Im Rahmen dieser Arbeit sollen daher weiterhin die Lebenserwartung die Analphabetenrate und die Geburtenrate verglichen werden.

5.1 die Lebenserwartung

Die Lebenserwartung eines Neugeborenen wird anhand von Sterbetafeln dargestellt. Davon ausgehend, dass die zur Zeit der Geburt herrschenden Lebensumstände und Sterblichkeitsraten ein ganzes Leben konstant bleiben wird so die durchschnittliche Anzahl der Jahre, die ein Neugeborenes Kind leben würde ermittelt. Bähr unterscheidet 4 verschiedene Typen:

1.Länder mit extrem niedriger Lebenserwartung unter 50 Jahre

2.Länder mit niedriger Lebenserwartung 50-60 Jahre

3. Länder mit mittlerer Lebenserwartung 60-70 Jahre und

4 Länder mit hoher Lebenserwartung über 70 Jahre (Bähr,S.190)

Die Länder Ostmitteleuropas finden sich allesamt in der 4. Gruppe bzw. am oberen Ende der 3. Gruppe wieder. Schlusslicht bildet Ungarn gefolgt von Rumänien und Bulgarien während Slowenien und Tschechien die Gruppe anführen. Im Vergleich zur

EU-15 ergibt sich eine Lebenserwartung von 5-10 Jahren weniger wie anhand von Tabelle 9 sichtbar wird.

	Lebenserwartung (2005)	
	Männer	**Frauen**
Slowenien	71,9	74,1
Polen	69,7	70,8
Slowakei	69,1	70,1
Tschechien	71,6	72,9
Ungarn	67,1	68,6
Bulgarien	68,2	69,0
Rumänien	67,7	68,2
EU-15	75,4	76,8

Tab.9 Lebenserwartung in Jahren   Quelle:_____wko.at/statistik/eu/europa-**lebenserwartung**.pdf

Eine Erhöhung der Lebenserwartung in den ostmitteleuropäischen Ländern wird vor allem im Falle Rumäniens und Bulgariens wohl nur durch Investitionen in das Gesundheitssystem und durch verstärkte Bemühungen im Umweltschutzbereich z.B. Verminderung von Autoabgasen oder verbesserte Müllentsorgung zu erreichen sein.

5.2. die Geburtenrate und die Kindessterblichkeit

Laut Bähr gibt es 2 Möglichkeiten die Fruchtbarkeitsmaße zu errechnen zum einen durch die Ermittlung der Fertilitätsziffer, wobei die Anzahl der in einem Jahr Lebendgeborenen auf die Gesamtbevölkerung bezogen wird und zum anderen die kumulative Betrachtung der Fertilität.(Vgl. Bähr, 1997, S.182) Im Rahmen dieser Arbeit werde ich mich der ersten Methode bedienen und die Zahl der Lebendgeborenen pro Frau untersuchen. Allgemein bekannt ist das sich eine Gesellschaft nur dann komplett reproduzieren kann, wenn pro Frau mindestens 2,1 Kinder geboren werden.

In den modernen Industriegesellschaften ist dies jedoch kaum noch der Fall und die negative Bilanz von Geburten und Sterbefällen wird entweder durch Immigration ausgeglichen oder es kommt zu einem Rückgang der Gesamtbevölkerung.

Die Ostmitteleuropäischen Länder weisen durchweg eine Geburtenrate von unter 2 Kindern pro Frau auf. Auffällig ist, dass die Rate im Zuge der Transformation der Gesellschaften noch weiter gesunken ist. Hatte Polen z.B. 1993 eine Geburtenrate von

1,9 Kindern je Frau so ist diese bis zum Jahr 2005 auf 1,24 Kinder gesunken. Damit liegen die Ländern sogar noch unterhalb des EU Durchschnittes, von 1,48 Kindern je Frau. Dies stellt eine besondere Herausforderung dar, da auch Aufgrund der steigenden Lebenserwartung immer mehr alte Menschen, immer weniger jungen Menschen gegenüberstehen und damit der demographische Wandel in den neuen EU-Mitgliedstaaten voll zum tragen kommt. Bei der drohenden Überalterung der Gesellschaften muss allerdings berücksichtigt werden, das die sozialen Systeme längst nicht so gut entwickelt sind wie in den EU-15 Staaten und die Gefahr der Verarmung älterer Menschen damit noch größer ist.

	Geburten je Frau			Kindersterblichkeit 1000/Lebendgeburten
	1993	1998	2005	2006
Slowenien	1,3	1,2	1,23	4,4
Polen	1,9	1,4	1,24	7,22
Slowakei	1,9	1,4	1,23	7,26
Tschechien	1,7	1,2	1,28	3,89
Ungarn	1,7	1,3	1,32	8,39
Bulgarien	1,5	1,1	1,31	19,85
Rumänien	1,5	,1,3	1,32	25,5
EU-15	---	---	1,48	5,1 (EU-27)

Tab.10 Geburtenrate/Kindersterblichkeit

Quelle:https://www.cia.gov/cia/publications/factbook/rankorder/2091rank.html und Turnok S.77

Im Bezug auf die Kindersterblichkeit ist festzustellen, dass die Beitrittsländer von 2007 noch einen erheblichen Nachholbedarf auf diesem Gebiet haben gerade der Wert Rumäniens mit 25,5 Todesfällen pro 1000 Geburten liegt über 5mal so hoch wie der EU-Durchschnitt.

5.3 die Analphabetenquote

Die Analphabetenrate trägt ebenfalls einen Teil zu den Berechnungen des Human Development Index bei und spiegelt dabei in gewisser Weise das Bildungsniveau einer Bevölkerung wieder. Gemessen wird der Anteil der über 15jährigen die weder lesen noch schreiben können. Mit Ausnahme von Rumänien (3%) und Bulgarien (2%) weisen alle ostmitteleuropäischen Länder eine Analphabetenquote von 1% oder weniger (Tschechien 0,01%) auf (Vgl.Geographica,2003).

6. Fazit

Die Erweiterung der Europäischen Union auf nun mehr 27 Mitgliedsstaaten war eines der zentralen Ereignisse des ersten Jahrzehntes in diesem Jahrhundert. Die 7 ostmitteleuropäischen Länder wurden damit vor allem für ihre Politik der Öffnung gegenüber der Union, nach der Revolution und die Anstrengungen bei der Transformation ihrer Gesellschaften und ihrer Wirtschaften belohnt. Bis jetzt ist der Beitritt der Länder aus meiner Sicht durchaus positiv zu bewerten. In wirtschaftlicher Hinsicht ist die Erhöhung des Bruttoinlandsproduktes und eine sinkende Zahl von Arbeitslosen zu beobachten. Das Außenhandelsvolumen der neuen Mitglieder mit der alten EU-15 hat sich deutlich erhöht und man kann erwarten, dass es weiter steigen wird. Dies lässt den Schluss zu, dass die ostmitteleuropäischen Länder nicht nur verlängerte Werkbank sind sondern mittlerweile auch Produkte herstellen, die in den westlichen EU-Regionen gebraucht werden. „Trotz ähnlicher Ausgangsbasis verfügen die ostmitteleuropäischen Länder heute über eine deutlich differenzierte und sich weiter differenzierende Wirtschaftskraft" (Inotai, 2001, S.67).
Daran kann man erkennen, dass die Wirtschaften längst nicht mehr nur monostrukturiert von einem bestimmten Exportgut abhängig sind, sondern vielmehr eine große Produktpalette an Exportwaren besitzen.

Die Entwicklung des Bruttoinlandsproduktes nach Kauf-Kraft-Standards zeigt weiterhin einen Aufholprozess der Beitrittsländer zu den EU-15. Als Problematisch anzusehen ist nach wie vor der viel zu hohe Anteil an landwirtschaftlich Beschäftigten, gerade in Rumänien und Bulgarien.
Hier wird in den nächsten Jahren ein starker Brennpunkt liegen, da bei Übernahme der EU-Agrargesetzgebung die Landwirtschaften, die oftmals noch als Substenz-wirtschaften existieren, zu Grunde gehen werden und damit die Arbeitslosigkeit steigen wird. Als weiterhin problematisch sehe ich die zu geringen Investitionen in Forschung und Entwicklung, die von Nöten sind, um international wettbewerbsfähig zu bleiben.

Im Sozialbereich ist vor allem die geringe Analphabetenquote in allen Ländern erwähnenswert. Des Weiteren ist die Entwicklung der Lebenserwartung erfreulich was auf eine Verbesserung der Gesundheitssysteme schließen lässt. Wie bereits erwähnt müssen jedoch Anstrengungen in den Umweltschutz und in eine Verringerung der Luftverschmutzung unternommen werden.

Als negativ in diesem Bereich ist die geringe Geburtenrate und die teilweise hohe Kindersterblichkeit anzumahnen, die im Zusammenspiel mit der steigenden

Lebenserwartung zu einem Kollaps der Sozialsysteme, sofern vorhanden, und zu einer extremen Überalterung der Gesellschaft führen wird. Da dies jedoch alle Industrienationen betrifft, sollte ein Weg zu finden sein dieses Problem gemeinsam zu lösen.

Abschließend bleibt zu sagen das sich die Furcht der alten Beitrittsländer vor sinkenden Lebensstandards und empor schnellender Arbeitslosigkeit aufgrund von Billigarbeitern aus den neuen Beitrittsländern nicht erfüllt hat, vielmehr profitieren sie von den prosperierenden Wirtschaften Ostmitteleuropas, die einen Absatzmarkt darstellen und die Niederlassungen im Ausland sichern heimische Arbeitsplätze.
Auf der anderen Seite dürften sich die Erwartungen der Beitrittsländer, soweit das bis heute feststellbar ist, im Großen und Ganzen erfüllt haben.
Damit entsteht nicht nur in wirtschaftlicher sondern auch in sozialer Hinsicht eine win-win Situation die die alten Hürden überwinden und für die Zukunft auf ein friedliches Europa hoffen lässt.

7. Literaturverzeichnis

1. Bähr, Jürgen (1997): Bevölkerungsgeographie .Stuttgart

2. Fassman, Hans (1999): Regionale Transformationsforschung- Konzeption und empirische Befunde in Ostmitteleuropa im Umbruch- Wirtschafts und Sozialgeographische Aspekte der Transformation. (S.11-20). Mainz

3. Gabrisch, Hubert und Kämpfe, Martina (2005): Erste Beitrittseffektein den neuen Mitgliedsländern vorwiegend im monetären Bereich- Probleme für Polen in Wirtschaft im Wandel 4/2005 (S.94-104).Halle

4. Haubrich, Hartwig (2003): EU-Erweiterung- Chancen und Probleme in Geographie heute 214/2003 (S.2-7). Velber

5. Inotai, András (2000):Die Beitrittsfähigkeit der mittel- und osteuropäischen Beitrittskandidaten- Fakten und Probleme in Transformation- Leipziger Beiträge zu Wirtschaft und Gesellschaft 10/2001 (S.67-73).Leipzig

6. Kühne, Olaf (2003):Industrie in Mittelosteuropa- zwischen Gesellschaftlichem Umbruch und EU Erweiterung in Geographie heute 214/2003 (S.32-36).Velber

7. Schön, Karl-Peter (2003): Die Wirtschaft in der EU-27- Wirtschaftskraft und Wirtschaftsbeziehungen in der EU und den EU-Beitrittsstaaten in Geographie heute 214/2003 (S.27-31). Velber

8. Tebbe, Gerd (1998): Wirtschaftliche Vorrausetzungen der EU-Mitgliedschaft: Polen und Tschechien in Grenzübergreifende Kooperation im östlichen Mitteleuropa. Nr.19 (S.19-31). Tübingen

9. Turnok, David (2003): The Human Geographie of East Central Europe. London

10. Zarek, Brigitte (2006): Die Osterweiterung der Europäischen Union: Auswirkungen auf die Handelsstrukturen zwischen der EU-15 und den Ländern Mittel- und Osteuropas in Osteuropa- Wirtschaft 2/2006 (S.107-126)

Atlanten:

11. Geographica- Der Große Weltatlas mit Länderlexikon. 2003. Frankfurt a. M.

Internetquellen:

12. https://www.cia.gov/cia/publications/factbook/rankorder/2091rank.html

     15.04.2007

13. wko.at/statistik/eu/europa-lebenserwartung.pdf

     15.04.2007

14. www.bpb.de/popup/popup_lemmata.html?guid=B4XKX7

     15.04.2007

15. wko.at/statistik/eu/europa-arbeitslosenquoten.pdf

     15.04.2007

16. http://ec.europa.eu/growthandjobs/annual-report-1206_de.htm

     15.04.2007

17. http://wko.at/statistik/eu/europa-bevoelkerung.pdf

     15.04.2007

18. http://www.crp-infotec.de/02euro/beitrittskriterien.html

     15.04.2007

19. http://en.wikipedia.org/wiki/Human_Development_Index

     15.04.2007